"贵州乡村振兴"书系获
贵州出版集团有限公司出版专项资金
资　助

"农村健康生活知识手册"丛书

农村心理健康知识手册

贵州省疾病预防控制中心 / 编

张益霞 姚蕴桐 胡远东 / 主编

贵州出版集团
贵州科技出版社

·贵阳·

图书在版编目（CIP）数据

农村心理健康知识手册 / 贵州省疾病预防控制中心编；张益霞，姚蕴桐，胡远东主编. —— 贵阳：贵州科技出版社，2023.6

（"农村健康生活知识手册"丛书）

ISBN 978-7-5532-1215-9

Ⅰ. ①农… Ⅱ. ①贵… ②张… ③姚… ④胡… Ⅲ. ①农民—心理健康—健康教育—手册 Ⅳ. ①B844.3-62

中国国家版本馆CIP数据核字(2023)第123034号

农村心理健康知识手册

NONGCUN XINLI JIANKANG ZHISHI SHOUCE

出版发行	贵州出版集团　贵州科技出版社
地　　址	贵阳市观山湖区会展东路SOHO区A座（邮政编码：550081）
出 版 人	王立红
经　　销	全国各地新华书店
印　　刷	贵州新华印务有限责任公司
版　　次	2023年6月第1版
印　　次	2023年6月第1次
字　　数	46千字
印　　张	2.5
开　　本	787 mm × 1092 mm　1/32
定　　价	12.00元

"贵州乡村振兴"书系编委会

主　　编： 宋宝安

常务副主编：（按姓氏笔画排序）

冉江舟　冯泽蔚　苏　跃　杨光红　何世强　陈嬿嬺　孟平红

副 主 编：（按姓氏笔画排序）

刘　涛　许　杰　李正友　杨　文　余金勇　张效平　胡远东
曹　雨　戴　燚

编　　委：（按姓氏笔画排序）

王家伦　文晓鹏　邓庆生　石　明　冉江舟　付　梅　冯泽蔚
吕立堂　朱国胜　乔　光　任　红　刘　涛　刘　锡　刘　镜
许　杰　苏　跃　李　敏　李正友　李祥栋　杨　文　杨光红
何世强　余金勇　余常水　邹　军　宋宝安　张　林　张文龙
张廷刚　张依欲　张效平　张福平　陈　卓　陈泽辉　陈嬿嬺
孟平红　赵大琴　胡远东　钟　华　钟孟淮　姜海波　姚俊杰
秦利军　曹　雨　龚　俞　章洁琼　董　璇　曾　涛　雷　阳
蔡永强　燕志宏　戴　燚

"农村健康生活知识手册"丛书编委会

主　编： 杨光红　刘　涛

副主编： 李进岚　周光荣　叶新贵　郭　华

编　委： （按姓氏笔画排序）

王艺颖　韦　杰　叶新贵　冯　军
吉　维　朱　玲　任豫晋　向　杰
刘　涛　刘　浪　李进岚　李海蛟
杨　静　杨光红　吴延莉　吴明军
何昱颖　余丽莎　余昭锐　汪姜涛
宋鸿碧　张　佼　张　骥　张益霞
陈　琦　陈慧娟　罗成功　周　婕
周亚娟　周光荣　赵否曦　胡远东
姚蕴桐　贺瑶瑶　徐莉娜　郭　华
蒋茂林　嵇云鹏

总序

"贵州乡村振兴"书系诞生于如火如荼实施的乡村振兴战略大背景之中,从立意、策划、约请作者、编辑书稿、整体设计,直至当前首批成果即将付梓,时间已过去三年。三年中,书系历经多次思路的调整和具体方案的修改,人事也多有变更,但书系所有参与者为乡村种植、养殖产业发展提供技术服务,为乡村生态文明建设提供价值引领,为乡村振兴取得新成果进行总结与宣传的"初心",迄今没有改变。

编辑出版"贵州乡村振兴"书系,主要目的是让最前沿的科学知识和成熟的实用技术尽快转化为解决实际问题的要素和生产力提升的推进器。伴随着"贵州乡村振兴"书系抵达田间地头,实用知识和技术"飞入寻常百姓家"。在中国这样有着悠久历史的农业大国,农业科学技术日新月异,不断地推动着种植业、养殖业的发展;与此同时,我国是人口大国,为人民健康保驾护航的医学同样发展迅速。快速发展意味着科学知识、实用技术更新迭代的加快，只有使用最新的成熟技术和知识，才能为贵州产业发展、生态环保、健康生活提供保障，满足广大群众的期盼和渴求。书系中的各个板块，都力图将相关领域最新科学知识和技术化繁为简、化难为易，让阅读该书的广大群众尽快掌握和运用。

在形式上，书系以图文搭配、图文互彰的活泼形式，让严谨的科技知识更易被普通群众接受。书系的主要服务对象为活跃在田间地头的科技特派员、村里的种植户与养殖户（包括合作社、公司等负责人）、农村特殊人群（如患常见疾病的病人、职业病病人、孕产妇、老年人、儿童等）、驻守一线的村干部、返乡大学生、农技员等，如何将正确的理念、前沿的知识、优秀的技术"接地气"地传达给他们，经调查研究、试验、甄别，参考优秀"三农"图书，最终，我们采用科普读物、学术专著兼具，但对科普有所偏重的组织架构。其中，科普读物采用清晰明了的图片、图示配合简明易懂的文字这一出版形式：文字简洁，可以让读者直接抓住实用知识和信息，不走弯路，节省时间；清晰的图片、图示，既可将方块字、数据蕴含的信息可视化，又能丰富和补充文字信息，甚至能呈现由于文字自身的模糊性而无法清楚传递的信息。活泼的设计也有助于调节视觉疲劳和阅读节奏，让纯粹以获取知识和技能、解决问题和困难为目的的阅读不再枯燥乏味。此外，书系中大部分图书采用了口袋书设计，便于携带。

书系的作者,都是在相关领域有扎实的专业知识的。在种植、养殖板块,我们邀请了从事教学和研究多年的专家,以及长期深入田间地头指导具体操作的科技特派员和农技员;在健康板块,作者都从医多年,对于农村人群健康素养水平的提升、常见疾病的防治等经验丰富;在农村"五治"(治垃圾、治厕、治水、治房、治风)板块,我们邀请了从事规划和教学的专家……总之,书系作者既对自己研究的领域有扎实研究,又熟悉贵州的气候、资源禀赋、地形地貌等,与此同时,他们还十分了解这片土地上生活着的人们内心的期待和需求,有着以自身所学所研回馈这片土地的质朴赤子情,也有着"将论文写在大地上"的奋斗精神。

"贵州乡村振兴"书系目前包含"生态农村建设系列"丛书、"农村健康生活知识手册"丛书、"茶叶栽培加工技术手册"丛书、"特色中药材种植养殖技术手册"丛书、"林木作物、农作物种植技术手册"丛书、"畜禽养殖技术手册"丛书、"水产生态养殖技术手册"丛书、"农技员培训系列"丛书等。随着乡村振兴战略的实施,我们也将适时新增板块,以配合和助力贵州乡村振兴的强力推进。当然,虽名为"贵州乡村振兴"书系,主要是为配合贵州乡村振兴工作而策划,但也适用于国内其他部分省(区、市)。

贵州曾是全国脱贫攻坚主战场,当前则是全国乡村振兴战略实施的主战场,统筹城乡一体化发展的任务十分艰巨。

希望"贵州乡村振兴"书系的推出,可以切实助力于"新型工业化、新型城镇化、农业现代化、旅游产业化"目标的实现,乃至助力于全面建成社会主义现代化强国和实现中华民族伟大复兴。

是为序。

中国工程院院士
贵州大学校长
2023 年 3 月

提升农村群众健康素养水平是实施乡村振兴战略的重要前提，是农村经济社会发展的重要基础，是巩固拓展脱贫攻坚成果的重要保障。2021年，中央一号文件《中共中央 国务院关于全面推进乡村振兴加快农业农村现代化的意见》专门提出：全面推进健康乡村建设，加强妇幼、老年人、残疾人等重点人群健康服务，加强对农村留守儿童和妇女、老年人以及困境儿童的关爱服务。2022年，《国务院关于支持贵州在新时代西部大开发上闯新路的意见》（国发〔2022〕2号）进一步提出：推进健康贵州建设，提升基层卫生健康综合保障能力。2023年，《中共中央 国务院关于做好2023年全面推进乡村振兴重点工作的意见》提出：加强农村老幼病残孕等重点人群医疗保障，最大限度维护好农村居民身体健康。

我国现有5亿多农村人口，其中外出务工人员，以及留守老人、留守儿童等特殊人群占很大比例。贵州省疾病预防控制中心的监测数据显示，贵州农村人群的死亡率高于全国及西部平均水平，因慢性病导致的死亡人数占农村全部死亡人数的84.0%。2018年，贵州农村居民接受健康体检的比例仅有32.2%，低于城市地区比例（41.0%），而高血压、糖尿病等慢性病的患病率，农村与城市已没有差异。

如何做好巩固拓展脱贫攻坚成果和乡村振兴的有效衔接，如何推进健康乡村建设,开展健康知识的普及与宣传,增强农村群众的文明卫生意识和健康素养水平,是巩固拓展健康扶贫成果、实施乡村振兴战略的重要课题。

欣闻"贵州乡村振兴"书系即将出版,其中由贵州省疾病预防控制中心牵头编写的"农村健康生活知识手册"丛书以图文并茂的形式,围绕当前农村地区的常见病、多发病以及广大农村群众关心的健康问题,不仅介绍了高血压、糖尿病等常见病的防治知识,老年人、儿童、孕产妇等重点人群的健康管理方法,农村常见毒蘑菇识别要点,农村常见意外伤害、自然灾害防治知识等,还对农村群众就业、就医中急需的职业病防治、医保政策要点以及合理用药、免疫接种、膳食营养等知识进行了科普宣传,内容深入浅出,文字通俗易懂,契合农村群众的实际需要。这种形式的健康科普非常符合世界卫生组织提出的"将健康融入所有政策(Health in All Policies,HiAP)"的方针,必能为提升广大农村群众的健康素养水平发挥积极的作用。

衷心祝愿阅读该丛书的广大农村群众,更加健康,更加幸福!

2023年2月1日

(吴静为中国疾病预防控制中心慢性非传染性疾病预防控制中心主任,研究员)

目 录

第一篇　**你知道什么是心理健康吗?** ………… 01

第二篇　**你知道什么是精神障碍吗?** ………… 07

第三篇　**你知道什么是焦虑症吗?** ………… 15

第四篇　**你知道什么是抑郁症吗?** ………… 31

第五篇　**你知道什么是失眠吗?** ………… 39

第六篇　**你知道什么是阿尔茨海默病吗?** … 49

第一篇

你知道什么是心理健康吗？

农村心理健康知识手册

什么是健康？

一个健康的人，不仅要身体没有疾病，心理也要健康。

什么是心理健康？

心理健康的人并非没有痛苦和烦恼，而是他们可以及时摆脱痛苦和烦恼，并积极寻求新的方法来改变不利的局面。一般说来，心理健康的人都能够善待自己，善待他人，适应环境，情绪稳定。

心理健康的十个标准 ★

心理健康表现为诸多形式的乐观、理性、积极、稳定的心理状态。目前,公认的心理健康的标准包括以下十个:

01
自我感觉良好,有适度的安全感。

02
情绪稳定。

03
行为协调,与周围环境相符。

你知道什么是心理健康吗?

04

心理特点与年龄相符。

05

情绪表达适度,能控制情绪。

06

能与他人维持正常交往。

07

能面对现实,接受现实。

08 生活的目标符合现实。

09 具有从经验中学习的能力。

10 在不违背社会规范的前提下,能接受并有能力满足个人的基本需要。

第二篇

你知道什么是精神障碍吗?

农村心理健康知识手册

什么是精神障碍？

精神障碍主要是指人的认知、情绪、行为等发生了异常改变，并且这些变化使人感到痛苦。

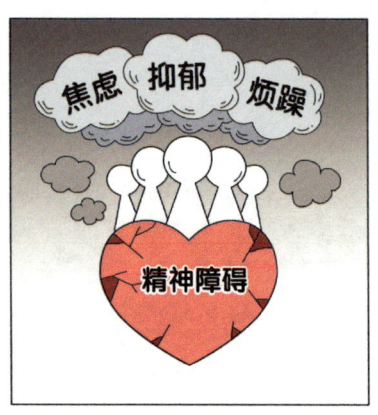

你知道什么是精神障碍吗？

有哪些常见的精神障碍？

常见的精神障碍有焦虑症、抑郁症、失眠、阿尔茨海默病（俗称老年性痴呆）、酒精依赖、精神分裂症等。

农村心理健康知识手册

患精神障碍的人多吗？

据 2019 年发布的全国精神障碍流行病学调查统计数据①，我国 18 岁以上人群中，有 16.57% 的人患有精神障碍。也就是说，我国大概有 1.8 亿②人患有精神障碍。

①资料来源：中国精神卫生调查成果高峰论坛。
②2019 年我国 18 岁以上人口数量为 11.2275 亿人。

哪些原因可能引起精神障碍？

01

生物学因素：遗传、感染、躯体疾病、创伤、中毒等。

02

心理、社会因素：应激性生活事件、压力、人格特征、情感状态、父母的养育方式、性别、社会阶层、经济状况、文化背景、人际关系等。

哪些是精神障碍的高危人群？

★ 17岁以下儿童和青少年，以及有焦虑不安、神经衰弱和抑郁情绪等问题的大学生。

★ 女性。女性患抑郁症的风险比男性高。

★ 老年人。老年期精神障碍的防治不仅是一个医学问题，还是一个社会问题。

★ 受灾人群。人群经历灾害后，各种心理问题与精神障碍的发生率会增大。

你知道什么是精神障碍吗?

家里有人患精神障碍怎么办?

01

正确认识精神障碍。

02

不应为家里有人患精神障碍而感到羞耻和自卑。

03

应立即带其到专门的精神/心理专科门诊就诊。

精神障碍有哪些治疗方式？

精神障碍的治疗方式包括药物治疗、心理治疗、物理治疗和康复治疗等。

★ 药物治疗。主要通过改善患者大脑中的神经递质水平来发挥治疗作用。

★ 心理治疗。主要运用认知行为治疗、人本主义治疗等相关治疗技术，促进患者的自我成长，从而达到治疗疾病的目的。

★ 物理治疗。主要通过电休克疗法、多参数生物反馈疗法和经颅磁刺激疗法对患者进行辅助治疗。

★ 康复治疗。运用某些技术或手段来改变患者病态的精神活动，以期最大限度地恢复患者的社会能力。它包括运动疗法、作业疗法、中医疗法等。

第三篇

你知道什么是焦虑症吗？

农村心理健康知识手册

你知道什么是焦虑症吗？

真的吗？！今天的检查结果没发现异常？！可是我刚才感觉自己快要死了，现在倒是没事了。

您的检查结果没有发现异常。

是的，您的身体指标都没异常，我怀疑您可能得了焦虑症，建议去心理科看看。

你知道什么是焦虑症？

什么是焦虑症？

焦虑症以焦虑情绪体验为主要特征，可分为广泛性焦虑（慢性焦虑）和惊恐发作（急性焦虑）两种类型。

焦虑症 $\begin{cases} 广泛性焦虑（慢性焦虑）\\ 惊恐发作（急性焦虑） \end{cases}$

广泛性焦虑 ✪

对一系列生活事件或活动感到过分的、难以控制的焦虑和不安，常表现为持续的紧张、颤抖、出汗、头晕、心慌、上腹不适等。

你知道什么是焦虑症吗?

第三篇

|惊恐发作 ★

患者突然出现紧张、害怕、恐惧等情绪,有濒死感和失控感,常伴有严重的心慌、呼吸困难、出汗等症状。

特点:

★ 发病急。

★ 一般持续 20 ~ 30 分钟。

★ 去医院检查,身体指标都正常。

农村心理健康知识手册

怎么区别正常焦虑和病理性焦虑?

正常焦虑 ★

焦虑为非持续性的,或是有让患者焦虑的具体对象,且焦虑程度与事件重要程度相符,这种情况属于正常焦虑,不必担心。比如小张明天要参加全市的演讲比赛,出现睡不着、尿频、心慌、手心出汗等症状,这些都是正常现象。

你知道什么是焦虑症吗?

病理性焦虑 ★

焦虑为持续性的,无具体紧张、害怕的东西,但感到即将遇到大的灾难,担心大难临头,或者担心程度超出了事件的严重程度,并伴有心慌、出汗、呼吸急促、肌肉紧张和胸闷等症状,这种情况就属于病理性焦虑,需要向心理医生寻求帮助。

农村心理健康知识手册

得了焦虑症该怎么办？

01 得了焦虑症不要怕，可以到精神科、心理科或者专业的心理咨询机构去寻求帮助。

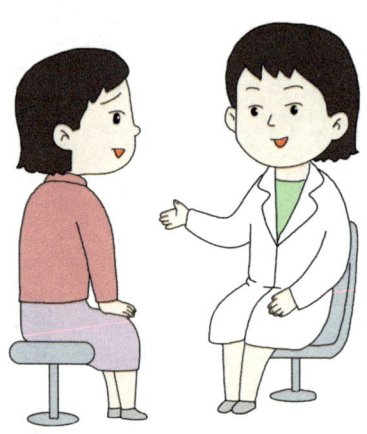

你知道什么是焦虑症吗?

02

让专业医生来诊断。专业医生不仅会给予我们心理治疗或药物治疗,还会帮助我们了解心理健康相关知识。

农村心理健康知识手册

03

如果需要服用药物,要按照医生叮嘱按时、按量服药,不要自行减药、加药,更不能自行停药。

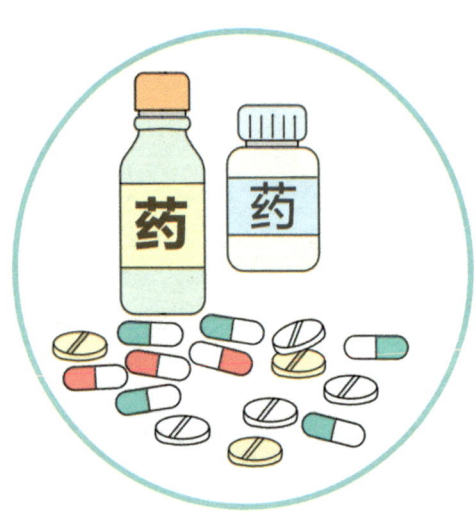

你知道什么是焦虑症吗?

04

要加强运动。坚持适量运动,每周锻炼 3～5 次,每次锻炼 30 分钟以上,可以使心情平静、焦虑缓解。

05

平时多和家人及朋友聊聊天,把不开心的事情都讲出来。

你知道什么是焦虑症吗？

如何预防焦虑症？

自我调节 ★

- ★ 释放法。坦率说出令自己有悲伤、愤怒、紧张情绪（情感）的事情，不要闷在心里。
- ★ 转移注意。
  - 把注意力从消极情绪转移到其他方面。
  - 把愤怒等消极情绪转移到其他积极的活动中。
- ★ 听音乐。当感到紧张、焦虑、恐惧时，可选择听一听能让自己放松的音乐，让自己放松下来。

调整生活习惯 ★

养成良好的生活习惯,能够促进大脑多巴胺分泌,使神经递质处于平稳状态,从而起到缓解焦虑的作用。

良好的生活习惯:
★ 早睡早起。
★ 适量运动。
★ 按时吃饭。
★ 保持一定的社交活动。
★ 留出休闲娱乐的时间。
....

第四篇

你知道什么是抑郁症吗?

农村心理健康知识手册

最近几个星期我怎么都开心不起来,什么事情都不想做,总觉得没力气,吃不好也睡不好……我会不会得了抑郁症?

你知道什么是抑郁症吗?

第四篇

抑郁症常见的表现有哪些?

01

总是忧心忡忡、愁眉苦脸、闷闷不乐,对所有事情都不感兴趣,包括以前特别喜欢的事情。有时甚至会产生生不如死的感觉,不想活了,想自杀。

02 跟以前比,现在变得不爱说话,讲话速度也变慢了。

做事效率降低了,以前三四个小时可以做完的事,现在要七八个小时。

你知道什么是抑郁症吗?

03
以前比较勤快,现在变得懒散、不想做事,即使是原来喜欢做的事情也不愿意做了。

或者整天躺在床上,不讲卫生,不和亲朋好友联系。

农村心理健康知识手册

只要有抑郁情绪，就是抑郁症吗？

不是的。如果只是偶尔出现难过、不开心、犯一下懒这些抑郁情绪，没有对我们的生活造成明显影响，就不是抑郁症。只有前面讲的那些症状持续超过2个星期，对正常生活造成明显影响，才可能是抑郁症。

你知道什么是抑郁症吗？

得了抑郁症该怎么办？

得了抑郁症不要怕，可以到精神科或心理科去就诊。抑郁症主要采用药物治疗，还可以采用心理治疗、物理治疗、康复治疗等方式治疗。

农村心理健康知识手册

如何预防抑郁症？

养成均衡饮食、坚持户外运动等良好的生活习惯，学会肯定自己，学会倾诉，等等。

第五篇

你知道什么是失眠吗？

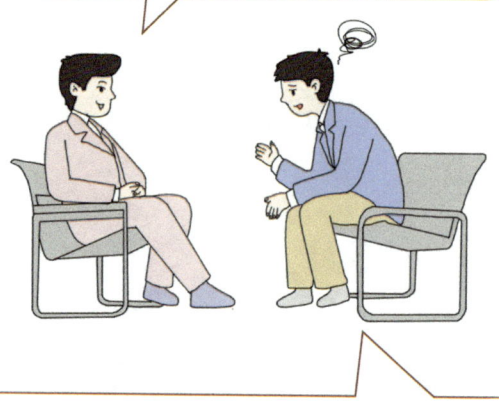

你知道什么是失眠吗？

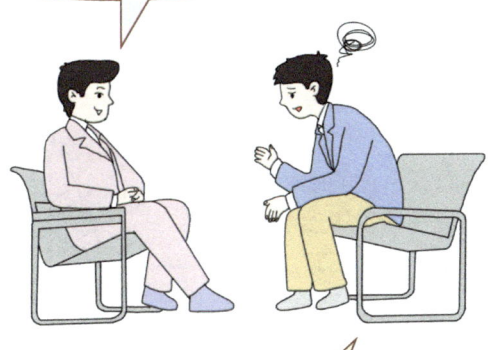

如何定义失眠？

《中国成人失眠诊断与治疗指南》根据现有的循证医学证据，将失眠定义为"尽管有合适的睡眠机会和睡眠环境，依然对睡眠时间和（或）质量感到不满足，并且影响日间社会功能的一种主观体验"。

失眠引起的日间功能障碍主要包括疲劳、情绪低落或激惹、躯体不适、认知障碍等。

你知道什么是失眠吗?

第五篇

失眠是一种主观体验,不应单纯依靠睡眠时间来判断是否存在失眠。部分人群虽然睡眠时间较短(如短睡眠者),但没有主观睡眠质量下降,也不存在日间功能损害,因此不能视为失眠。

失眠常见的表现有哪些?

失眠常表现为入睡困难(入睡潜伏期超过30分钟)、睡眠维持障碍(整夜觉醒次数大于2次及以上)、早醒、睡眠质量下降和总睡眠时间减少(通常少于6.5小时),同时伴有日间功能障碍。如果连续1个月每个星期超过3个晚上出现以上情况,就可能患有失眠。

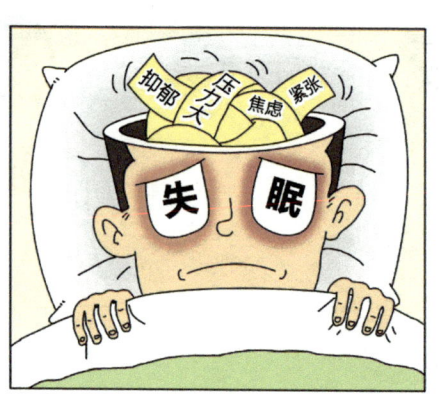

你知道什么是失眠吗？

长期失眠有哪些危害？

长期失眠可导致注意力不集中、记忆力下降、心情烦躁等，还可诱发高血压、冠心病等躯体疾病。

得了失眠该怎么办？

失眠的临床评估是比较复杂的（包括病史采集、睡眠日记、量表评估和客观评估等），个人无法判断，所以应及时到心理科或睡眠医学门诊就诊，并配合医生积极治疗。

你知道什么是失眠吗？

失眠的治疗方法有哪些？

失眠的治疗方法包括心理治疗、药物治疗、物理治疗和中医治疗。

★ 心理治疗主要包括睡眠卫生教育和针对失眠的认知行为治疗。认知行为治疗能够持续改善失眠患者的临床症状，且没有不良反应。

★ 药物治疗失眠的短期疗效已经被临床试验所证实，但是长期应用仍须承担药物不良反应、成瘾性等潜在风险。

★ 物理治疗缺乏令人信服的大样本对照研究，只能作为可选择的补充治疗方式。

★ 中医治疗失眠的历史悠久，但囿于特殊的个体化医学模式，难以用现代循证医学模式进行评估。

如何预防失眠？

预防失眠的方法包括做好饮食管理、运动管理、情绪管理等。

★ 饮食管理。其原则为"食物多样,合理搭配,食不过量"。

★ 运动管理。根据自身情况选择慢跑、快走、游泳等方式进行运动。

★ 情绪管理。做好情绪管理的技巧包括认识并接纳自己的情绪,找出情绪背后的原因,多角度看问题,适当宣泄情绪,等等。

第六篇

你知道什么是阿尔茨海默病吗?

阿尔茨海默病也叫老年性痴呆，是一种起病隐匿的进行性发展的神经系统退行性疾病。临床上以记忆障碍、失语、失用、失认、视空间技能损害、执行功能障碍以及人格和行为改变等全面性痴呆表现为特征，病因迄今未明。

你知道什么是阿尔茨海默病吗?

怎么感觉近年来记忆力越来越差了呢,做事情也经常出错,最近还经常忘记关煤气这些,这个太危险了。我还是去医院看看是怎么回事吧!

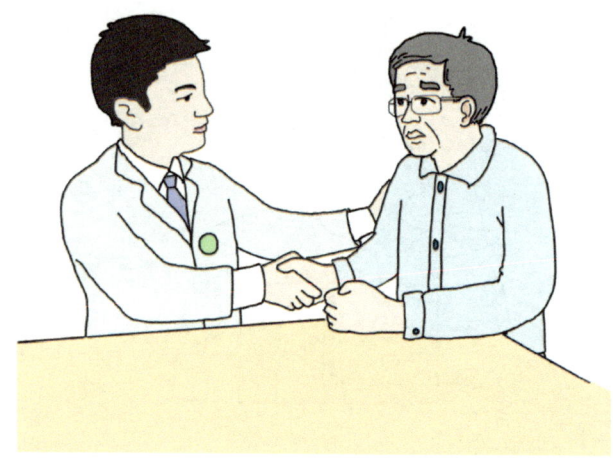

你知道什么是阿尔茨海默病吗?

第六篇

阿尔茨海默病的表现有哪些?

阿尔茨海默病有轻度、中度和重度之分。

01

轻度阿尔茨海默病主要表现为经常忘记重要的事情，丢三落四，说话重复，理解能力及表达能力下降，计算能力降低，反应迟缓，等等。

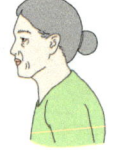

反应迟缓

理解能力及表达能力下降

说话重复

你知道什么是阿尔茨海默病吗？

02 中度阿尔茨海默病主要表现为忘记家庭地址，经常迷路，不能分辨地点，不能列出同类物品，等等。

03 重度阿尔茨海默病主要表现为忘记自己的姓名和年龄，不能行走，讲话内容单调，甚至失语、失用、失认等。

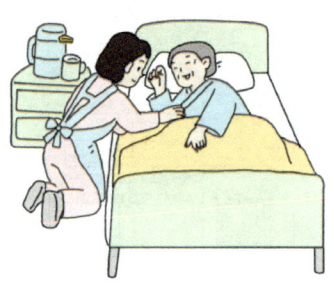
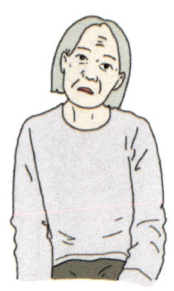

你知道什么是阿尔茨海默病吗?

第六篇

得了阿尔茨海默病该怎么办?

01

应到神经科、心理科或精神科就诊,早发现、早诊断、早治疗。

02 可以服用抗阿尔茨海默病的药物,延缓病情的发展。

03 还可以采取非药物治疗,如进行认知训练、行为训练等。

你知道什么是阿尔茨海默病吗？

第六篇

得了阿尔茨海默病需要注意什么？

01

多参加社交活动。

02

外出带小卡片,戴定位手表,防止走失后无法联系。

李××

联系电话:××××××××××

住址:××市×区×路×号

我的父亲如果走失,请您按此信息联系,感谢您的帮助!

你知道什么是阿尔茨海默病吗？

03

家人要随时关注老人的身体状况。

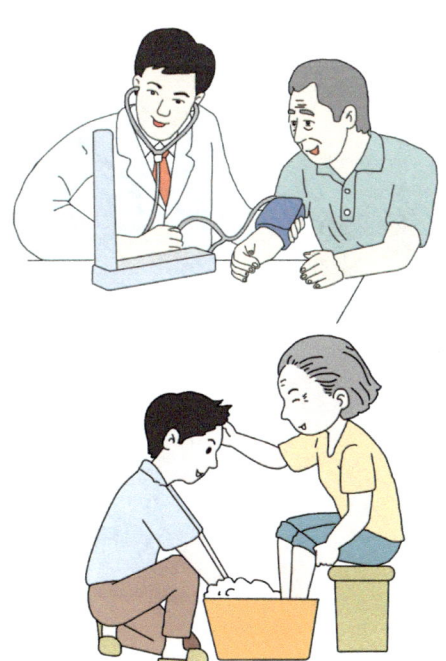

进行康复训练。

你知道什么是阿尔茨海默病吗？

第六篇

05 定期到医院复查。

如何预防阿尔茨海默病？

01 合理膳食，低盐低脂。

02 戒烟限酒。

你知道什么是阿尔茨海默病？

03

适量运动，控制体重。

04

高血压、糖尿病患者要把血压、血糖和血脂控制在正常范围。

05

保持与家人、朋友的联系。

这些措施并不能完全预防阿尔茨海默病的发生,但它们能降低阿尔茨海默病发生的风险。如果对是否患有阿尔茨海默病存在疑问,应尽早到医院就诊,早识别、早诊断、早治疗。